未来能源
让世界动起来

探索月球
神秘而强大

神奇地球
蔚蓝的家园

神秘机器人
人工智能和超级好帮手

第一辑·全10册

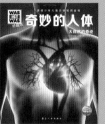

奇妙的人体
大自然的奇迹

深海之谜
生机勃勃的黑暗国度

太空之旅
深入宇宙的探险

走进热带雨林
地球的绿色宝藏

第二辑·全10册

宇宙中的星体
打开探索宇宙的大门

伟大的发明
天才与灵感的杰作

神奇的火车
沿着钢轨通向未来

沙漠之旅
部队、探究和无尽的远方

第三辑·全10册

显微镜探秘
肉眼看不见的微小世界

野生动物
从亲密饲养到野性

奇趣萌宠
人类的好朋友

鸟类不简单
天空中的杂技演员

第四辑·全10册

神秘的古埃及
尼罗河畔的金色帝国

印第安人
北美原住民

伟大的探险家
跟随他们的脚步，探索全世界

未来世界
一切尽在变化之中

第五辑·全10册

蛇的故事
拥有敏锐感官的猎手

考古探秘
发掘历史的宝藏

马的生活
人类忠实的伙伴

舞蹈的魅力
合拍起舞

第六辑·全10册

生物质资源
植物动力引领未来

2023 NEW

石器时代
火的控制与使用

2023 NEW

第七辑·全8册

WAS IST WAS

学习源自好奇 科学改变未来

U0182217

百变天气

阳光、风和暴雨

〔德〕卡斯登·许旺克／著　姬健梅／译

航空工业出版社

方便区分出不同的主题！

真相大搜查

符号箭头▶
代表内容特别有趣！

天空里的绿色烟火？
不，这是极光！

18

危险！一阵
龙卷风正在
德国肆虐。

11

31

地球上每秒钟大约有 100 道闪电。

42

太空中的人造卫星为天气预报提供了重要的信息。

重要名词解释

32

在副热带有全世界最大的沙漠。

在飓风 的"眼睛"里

迈克看得很清楚，一个飓风正在前进。最新的卫星图显示，这个气旋风暴的中心在大西洋上，距离佛罗里达州南端大约 200 千米。迈克是美国迈阿密"国家飓风中心"的气象学家，他朝计算机看了一眼，接着起身准备前往坦帕机场。他的同事已经在等他了，飞机发动机已经发动，迈克向机长打了声招呼，然后登上那架气象飞机。随后，飞机在轰隆隆的巨响中飞离地面。这架飞机很坚固，有 4 个螺旋桨推进器，就算有 2 个推进器失灵，飞机还是能够继续飞行。知道这一点让人感觉安全多了，因为迈克和他的同事正要前往全世界风暴最大的地方之———龙卷风走廊！

危险的气旋风暴

飓风是地球上最强烈的风暴，它的直径可以达到 1000 千米，不仅会带来暴雨和强风，而且风速可达每小时 300 千米。飓风会在海里掀起巨浪，把巨大的潮水推向海岸，为海岸地区带去水灾危险。迈阿密"国家飓风中心"的科学家想要查明这个气旋风暴会往哪里移动，它会留在海上，还是扑向海岸？需要向居民预警吗？为了确认这一点，迈克和他的同事必须飞进飓风里，去搜集重要的气象资料。

这架气象飞机里很拥挤，到处都放着计算机和闪动的屏幕。目前飞机距离飓风的"眼睛"，也就是飓风中心，大约还有 50 千米。

危险的研究

飞机震动得越来越厉害。迈克从窗户望出去，但什么也看不见！眼前只有乌云和拍打在机窗玻璃上的雨滴，闪电不停地闪烁。飞机在空中一会儿往上拉，一会儿被往下拉，神经衰弱的人大概会受不了，但迈克仍专注地检查测量仪器。这些仪器正在运作中，显示出目前哪里雨势最强，外面的风速是多少，并且测量空气的温度和湿度。终于，他们渐渐接近目的地。

几乎没有云，也没有风，进入飓风的"眼睛"了！

2005 年 8 月，卡特里娜飓风从大西洋经过墨西哥湾，登上美国南方的海岸。

气象飞机正在前往"飓风眼"的途中。

经验丰富的飞行员驾驶着气象飞机，飞进卡特里娜飓风的中央。

乱流越来越严重，闪电越来越频繁。巨大的积雨云在气旋风暴中心的外围聚集，高度可达 16 千米！只听见噼啪噼啪一阵响，机身摇晃得更厉害了，接着便是一阵剧烈的颠簸，整架飞机仿佛掉进了巨大的洗衣机里。但突然之间，一片平静，阳光出现了！

气象学家的贡献

成功了！他们此时就在那一团转动的云的正中央。这里被称为飓风的"眼睛"——飓风眼，飓风眼的直径有好几千米，那里几乎没有风也没有云。对迈克来说，最重要的时刻来临了，他立刻把绑在降落伞上的测量仪器扔出去，它们会测量出飓风正中央的气压，要估计出风暴有多强，这是最重要的数据。测量仪会用无线电把数据传回飞机上，再从飞机上直接传送给迈阿密的工作伙伴。在归途中，计算机已经计算出飓风最新的行进路径，一天之后，飓风就会抵达佛罗里达州的海岸。在这种情况下出动气象学家是值得的，因为可以让当地居民及时收到警报，在风暴来临之前撤离到安全的地方。

气象学家准备把手中的测量仪器扔进飓风里。

天气是怎么来的？

在寒风中我们会觉得冷，在雨中或雪中会被淋湿，在炎热的夏季会流汗……我们在任何时候、任何地方都会遇到天气。可是天气是怎么来的呢？当然是从天上来的！云朵在天上飘，雨水从天上落在我们身上，雪花也从天上飘落到地上。天空看起来好像有无限大，但事实上并非如此。从气象卫星所拍摄的照片来看，我们的天空看起来不会比蛋壳更厚。国际空间站上的航天员能够看得更清楚，这个空间站飞行在地球上方约 350 千米处的高空，因此航天员可以从宇宙中清楚地看见蓝色的天空，也能看见巨大的积雨云。围绕着地球的这层灰蒙蒙的气层叫作大气层，范围从地面一直到大约 100 千米的高空。

没有热，就没有天气

不过，单单只有大气层还不会产生天气。天气产生的最主要的动力是太阳，太阳不仅散发出光，也散发出热，这些热使得风吹了起来，使得水分蒸发形成了云，然后再降为雨水。围绕着地球的大气层留住了太阳发出的热，就像温室的玻璃屋顶一样，因此我们得以享有 15 摄氏度的全球平均温度，对所有的生物来说，这是最佳的生存条件。假如没有大气层，温度就会是零下 18 摄氏度！

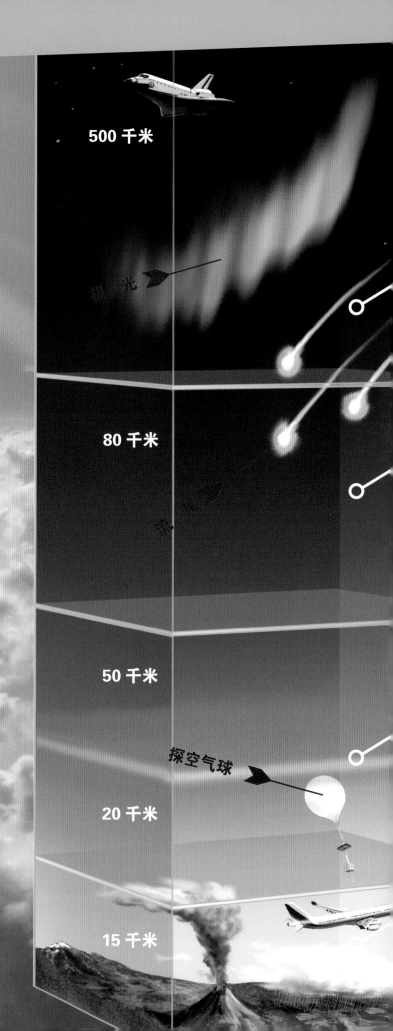

500 千米

极 光

80 千米

流 星 雨

50 千米

探空气球

20 千米

15 千米

大气层由好几层构成，从地面一直延伸到太空中。

太阳风的粒子能够进入地球磁场。在晴朗的冬夜里，我们能在这里看见极光。

在中间层还有许多空气，所以宇宙飞船在降落回航时会逐渐生热。这是由于空气分子的摩擦，会产生1600摄氏度的高温。流星也会在这里进行燃烧。

平流层所在的位置要比天气发生的位置高很多。臭氧层就在平流层里，它削弱了阳光中的紫外线辐射。

我们的天气产生于对流层，这是围绕着地球的大气层中最低的一层。气温可以下降到零下60摄氏度。

为什么会有四季？

在许多国家和地区，一整年的天气都不一样。在一年当中，气温会改变，因此有了四季的划分。春、夏、秋、冬是怎么产生的呢？找个机会仔细看看地球仪，你会发现地球仪稍微有点歪，因为我们的地球并非垂直地在宇宙中"飞行"，而是倾斜的。所以，地轴——也就是穿过北极点和南极点的那条线也是倾斜的。在地球绕着太阳转动时，这一特点扮演着重要的角色。

绕太阳一周

地球在一年的时间里会绕着太阳转一圈。在12月，南半球比较接近太阳；在6月，则是北半球比较接近太阳。对于住在北半球的人来说，6月的太阳看起来要比12月的太阳位置更高，照耀的时间也比较长，所以在6月得到的太阳能要比12月多得多，天气也比12月要热。不过，由于空气要被真正加热需要一点时间，所以还要再过一段日子，才会达到夏季的最高气温，所以北半球最热的日子不是在6月底太阳位于最高点的时候，而是在7月底和8月初。对于住在南半球的人来说，情况当然正好相反，南半球最暖和的日子在1月，最冷的日子则在7月。

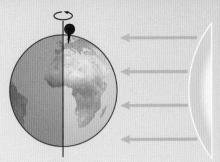

3月21日前后：春分

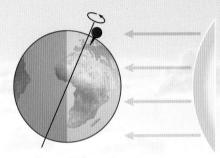

6月22日前后：夏至

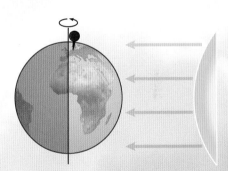

9月23日前后：秋分

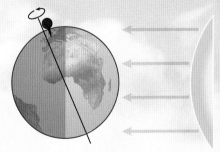

12月22日前后：冬至

热与冷

如果要去滑雪，当然得到山上去，不只是因为山上有陡峭的斜坡和滑雪道，更因为山上会有很多积雪。在山上天气肯定会比较冷，有时在山下的积雪已经融化成水，但因为山区比平地冷，山上的积雪还是厚厚的一片。我们爬得越高，气温就越低，平均来说，每升高100米，气温就会降低约0.6摄氏度。如果空气干燥，气温甚至会降低将近1摄氏度。可是，为什么山上会比较冷呢？

用打气筒为自行车的轮胎充气时，你会发现，由于空气被压缩，打气筒会越来越热。类似的情况也发生在山谷中。在山谷要比在山上暖和，因为山谷中的空气被压缩，空气比较浓密，而山上的空气没有被压缩得那么厉害，空气可以继续扩散。当一种气体扩散开来，比如空气中的氧气，这种气体就会冷却，因此山上比较冷。

什么是"体感温度"？

"体感温度"的概念来自美国，是指人体感受空气的温度。在美国，除了正常的气温之外，每天的天气预报还会预报"风寒温度"。"风寒温度"是把风的冷却效果也计算进气温里。尤其是在冬天，平静无风与狂风大作之间会有很大的差别。风越大，我们的身体就冷得越快，也越快感到寒冷。为了让人们有心理准备，穿暖和一点，所以在有寒风时，气象人员会预报"体感温度"。

特别热

地球上有些地区的气温很极端。地球上最暖和的大陆是非洲，非洲的阳光照射非常强烈，因为这块大陆位于赤道附近。在非洲北部有全世界最大的沙漠——撒哈拉沙漠，那儿的降雨量很少，有时候甚至整年都不下雨。在地球上的沙漠地区，气温往往可以达到50摄氏度，甚至曾经有70摄氏度以上的纪录。在这种气温下，就连最耐热的植物也无法存活，唯一能存活的生物是沙漠里的微小细菌。

特别冷

并非所有的沙漠都又干又热，围绕着北极和南极的地区同样也是沙漠，只不过这是极地沙漠。最冷的大陆是南极洲，内陆平均气温零下50摄氏度，难怪地球上最大的冰帽就在南极洲形成，这里的陆地覆盖着一层4千米厚的坚冰。对于在南极洲生活的少数科学家来说，他们必须要穿得非常保暖！

自己测量气温

要自己测量气温很容易，问题只在于温度计该挂在哪里。直接挂在窗户上或家里的墙壁上并不合适，因为在阳光照射的时候，家里的墙壁要比阴凉的地方暖和很多。比较合适的位置是院子里阴凉的地方。

知识加油站

▶ 一个地方的地势越高，空气就越稀薄，气压也就越小。

▶ 因此，许多登山者在攀登像珠穆朗玛峰这样的高山时，会携带氧气瓶，戴上呼吸面罩。

▶ 高达 8848.86 米的珠穆朗玛峰是全世界最高的山峰！

位于美国的死亡谷，是地球表面最炎热的地区之一，此地的高温纪录是 56.7 摄氏度，这是在 1913 年测量到的。

全世界的最低温是零下 93.2 摄氏度，是科学家于 2010 年 8 月 10 日在南极东部高原的山脊上测量到的。

光！

空气粒子让我们的大气层闪烁出非常美丽的颜色，也在天空中变化出千奇百怪的图案。在这一部分，你将会了解阳光和分子、尘埃或冰晶之间神奇多变的交互作用！

晚霞和朝霞

天空不是只有蓝色这一种颜色，尤其是在傍晚，天空有时候会变成非常美丽的红色、粉红色或橙色，出现这种颜色的变化是由于阳光被散射了。这是因为在日出和日落时分，如果大气中水汽过多，则阳光中那些波长较短的青光、蓝光、紫光被大气散射掉，只有红光、黄光、橙光穿透大气，为天空染上颜色。这时空气中含有越多水汽或是灰尘微粒，效果就会越明显，颜色会更灿烂。因此，如果太阳落山后却出现了鲜艳的晚霞，可能暗示着天气将要变坏，即将出现降雨或刮风的天气，所以农民有一句古老的谚语："日落胭脂红，无雨必有风！"

极光在天空中"舞动"，在晴朗的冬夜里看得特别清楚。

围绕着太阳的这圈彩色光环被称为"日晕"，日晕的产生是由于阳光受到了空气中微小冰晶的折射或反射。我们通常可以看见这些冰晶呈现为一层薄而均匀的云雾，阳光就是从这层云雾中照射出来的。

极 光

在靠近北极和南极的地区，极光在又长又黑的冬夜里闪烁。它们闪着蓝绿色的光芒，在天空中不停地变幻和移动。极光的产生是由于太阳除了散发出光与热，也把带电的粒子甩进了太空中，这就是所谓的"太阳风"。这些带电粒子如果来到地球，就会被地球的磁场转移到北极和南极。在那里，它们遇上大气层中的空气粒子，太阳风的能量使得这些空气粒子发出色彩迷人的光芒。

天空为什么是蓝色的？

太阳发出的光不是黄色，而是白色的！因为各种不同颜色的光，合在一起就成了白色。例如我们在彩虹里看见的颜色：红、橙、黄、绿、蓝、靛、紫，这些颜色全都藏在太阳的白色光线里。空气分子散射光线的强度不同，白色的阳光在大气层遇上极微小的空气分子，蓝光被强烈地往旁边散射，黄光和红光则几乎不会被散射，因此我们在天空中看见被散射的蓝光，而少了蓝色光线的直射阳光，在我们看来就比较接近黄色了。

你相信吗？

在沙漠地区有时候会出现一种情形，有人看到一片根本不存在的绿洲，他们看见的其实是海市蜃楼，也就是一种幻景！当地表附近的空气出现极大的温度差异时，就会产生这种现象，例如当地面很热的时候，这时的热空气层会产生像镜子般的作用，阳光在这面镜子上折射，结果是我们会突然看见很遥远的物体出现在很近的地方，而且上下颠倒。而在炙热的柏油路面，我们有时甚至会觉得好像有水覆盖在上面。

什么是风？

很简单，风就是流动的空气。可是空气为什么会动呢？风的产生主要是由冷和热的交换造成的。想象一下，如果有一堆柴火，那么炙热的火焰就会向上窜。这种情形也发生在温暖的空气中，虽然它没有火那么热。阳光一照射到地球，地表就会被加热，这样一来，地表正上方的空气也会被加热，这一点你甚至可以用眼睛看得见，当你在一个阳光普照的日子，盯着一条又直又长的深色柏油路面时，会感觉到空气闪闪发光，这时你所看见的就是风的产生！温暖的空气不停地上升后，周围其他的空气就会从旁边流过来，补充原先的地方。所以说，由于马路中央的暖空气上升，新的空气会从马路边被吸进马路中央，空气频繁地流动，因此形成一股股的气流，于是让人感觉到吹起了风。

哪些风吹向哪边？

由于地球的转动，在不同地区形成了不同的风带。例如，住在中欧的人生活在中纬度地区所谓的"盛行西风带"，在这里，风大多是从西方吹来，当然也有例外的情况。也有人说："这里的风来自大西洋！"

在副热带地区，一整年里，风大多是从东北方或东南方吹来（要区分是在北半球还是南半球）。而在北极地区和南极地区，风大多是从东方吹来的。

地球上有 6 个风带，这些风带对我们的天气现象有很大的影响。

极地高气压带
北纬 60 度 副极地低气压带

西风带
北纬 30 度 副热带高气压带
东北信风带

纬度 0 度 赤道低气压带

东南信风带
南纬 30 度 副热带高气压带
西风带

南纬 60 度 副极地低气压带
极地高气压带

11级强风 **11**

暴风：类似台风的狂风，强烈的风会损毁林木造成风灾，能掀掉屋顶，把汽车抛离车道，行人在这种风中无法行走。

5级风 **5**

劲风：小树和较大的树枝会摇动，能清楚地听见风声。

2级风 **2**

轻风：树叶簌簌作响，能感觉到脸颊被轻轻吹拂。

如何辨认出风的强度

在两百年前，为了让当时的帆船航行有可以参考的风力数据，水文地理学家蒲福爵士制定了一个风力等级表。他观察海浪，并且拿来与风速做比较，将风力进行分级，这个等级表后来也加上在陆地上能够辨认出的典型特征。

➡ 你知道吗？

在炎热的夏日午后，海滨浴场却通常都有凉爽的风。这是因为地面上的空气被加热的程度要大过海面上的空气，因此沙滩上的热空气一再上升，而海面上凉爽的空气就会不断流向沙滩来补充。于是，我们会感觉到阵阵的清风。

多风的地球

在炎热的夏天,风吹在皮肤上让你觉得凉爽舒适。在秋天和冬天,风会让你冷得发抖。风带来热空气或冷空气,掀起了海浪,甚至能把沙子吹到几千千米外的地方。风是天气现象中很重要的一部分,不过,风并非全都是一样的!在地球上,有许多只出现在特定区域的风,有些气流会在一天当中改变方向,另外有些地方的风只在特定的气候情况下出现,例如阿尔卑斯山的焚风。

奥拉风和布拉风

如果你曾经去过意大利的加尔达湖,或是曾经到克罗地亚度假,你可能已经见识过奥拉风和布拉风,或者更准确地说,已经感受过了,因为奥拉风和布拉风属于地方性风。奥拉风是意大利加尔达湖畔有名的南风,它从中午时分开始吹,接近傍晚时才停止,这几个小时的风使得湖上冲浪和驾驶帆船的人特别开心。布拉风则是一种寒冷的下坡风,主要出现在冬天,它从位于克罗地亚和塞尔维亚的迪纳拉山脉向下吹往海岸,一直吹到亚得里亚海,常常带着猛烈的阵风。在夏天,布拉风会吹上几个小时或是一天,在冬天却可以吹上两个星期,这种风的最高速度可达每小时200千米!

北美洲

南美洲

暴风雪

英文是 Blizzard,这是北美洲一种吓人的暴风雪,从落基山脉吹往中部辽阔的草原。

密斯脱拉风

这种寒冷而猛烈的风吹袭着法国的地中海海岸。密斯脱拉风会掀起大浪,驾驶帆船的人必须得对抗高高的浪头。

西洛可风

这种来自沙漠的热风从非洲经过地中海吹往意大利，使气温上升到 40 摄氏度以上。

焚风

焚风是阿尔卑斯山区一种温暖的下坡风。当阿尔卑斯山的南侧下雨或降雪很多时，北侧就会干燥晴朗，猛烈的南风吹过山头，穿过山谷，速度最高超过每小时 100 千米。温热的焚风使得积雪融化，因此又有"吃雪风"之名。焚风出现的时候，天空中还会出现镰刀形状的云，被当地人称为"焚风鱼"。

欧 洲

亚 洲

非 洲

大洋洲

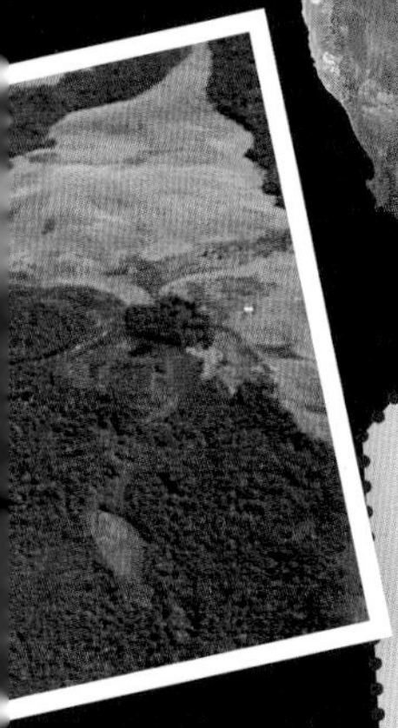

替雨林施肥

撒哈拉沙漠的狂风把沙漠里的沙子卷进大气层，这些沙子飞行了几千千米，一直飞到南美洲，使雨林中的土壤变得肥沃。

东南季风

东南季风是亚洲一种强大的季风系统。它在冬天把干燥的空气带往印度、孟加拉国和泰国；到了夏天，它会带来温暖潮湿的空气，雨季也随之而来。

什么是 飓风？

飓风这个词的英文 hurricane，源自玛雅神话，意思是"雷暴与旋风之神"。如今我们把所有在大西洋和北太平洋东部形成的热带气旋都称为飓风。每年的夏天和秋天，当海水特别温暖的时候，巨大的积雨云集结到一起，就容易形成飓风：它们在海洋上方形成，或是从热带雨林一直延伸到海上。这种超大型的风暴有时候足足有半个德国那么大，当它们在温暖的海面移动时，会吸收越来越多的水汽。由于海水的温度高，很多海水都蒸发了，蒸发的海水向上升，形成了积雨云，积雨云变得越来越大，直到它由于地球的自转而开始旋转，并在内部逐渐形成典型的"飓风眼"——这是热带气旋已经形成的明显迹象。这时候，风速至少达到每小时 118 千米，相当于 12 级的飓风强度，而最强烈的飓风的速度甚至超过每小时250 千米！

飓风、台风还是气旋风暴？

热带气旋在不同的地方有不同的名称，在大西洋和东北太平洋及其沿岸地区生成的叫作"飓风"，在北印度洋地区生成的称为"气旋风暴"，在西北太平洋及其沿岸地区生成的则叫做"台风"。在所有的热带气旋中，大约有三分之一是台风，因此，住在中国沿海、菲律宾、日本的人们最常受到台风的侵袭。

在陆地上造成的破坏

在大西洋地区，一旦飓风登上陆地，将对整个地区造成很大的损害。狂风只是造成破坏的原因之一，像洪水般的降雨也会造成极大的影响，因为在 3 天之内就可能降下该地区一整年的雨量，造成山崩和水灾。另一个危险是海浪，飓风所掀起的巨浪，可以把几米高的海浪向前推进，这些海浪如果抵达海岸，就会淹没房屋、道路和整个村庄。不过，当飓风继续在陆地上移动时，它的强度很快就会减弱，因为在陆地上缺少温暖的海水，那是它能量的来源。当飓风逐渐减弱后，暴雨却不减，多雨的恶劣天气会持续一段时间。

→ 纪录

2015 年，帕特里夏飓风以每小时

345 千米

的速度在海洋上呼啸而过。这是到目前为止一分钟持续风速全球最大的飓风。

你相信吗？

一个飓风每天要从海洋里吸收大约 50 亿吨到 70 亿吨的水。假如有大飓风在博登湖（位于德国、瑞士和奥地利之间的一个大湖）上方形成，它会在一个星期之内把整个湖"吸"干！

2005 年，卡特里娜飓风造成了美国历史上最严重的自然灾害之一，约有 1800 人因为这个热带气旋丧命。

美国佛罗里达州西南端基韦斯特岛上的这栋房屋，被一场飓风瞬间摧毁。

飓风、台风和气旋风暴

　　在这张地图上，你可以看见从 1985 年到 2005 年之间形成的所有飓风、台风和气旋风暴。这些热带气旋主要是在大西洋、太平洋和印度洋上产生，借助温暖的海水取得能量。当它们登上陆地，产生的暴风能让几千平方千米的土地变得满目疮痍，东南亚和北美洲的人们是主要受害者。

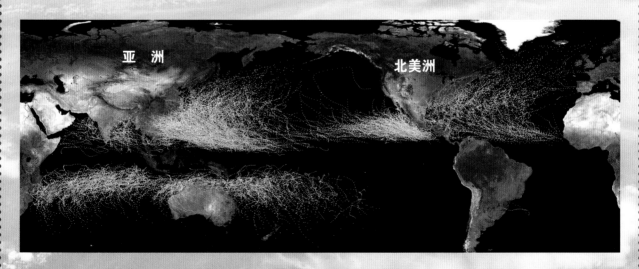

亚洲　　　　北美洲

龙卷风的 威力

在德国的 龙卷风

这个龙卷风在德国萨克森－安哈特州的一个村庄摧毁了许多房屋。

尘卷风是一种小型旋风，它看起来虽然很像龙卷风，但是威力要弱得多。尘卷风在晴朗炎热的天气形成，大多是在干燥的地面上，天空中没有积雨云。

超快的风速

龙卷风能发展出不可思议的风速，这一点，美国俄克拉荷马州摩尔镇的居民感受颇深。1999 年，那里有一个龙卷风被测出的速度是每小时 510 千米，这是到目前为止地球上所测到的最高风速！

龙卷风是一种强风旋涡。和巨大的飓风相比，龙卷风很小，可是却极端危险！它们会发展出大自然中最高的风速，能摧毁整栋房屋，甚至能把路面从地表掀开，把几吨重的卡车抛到半空中。

危险的云柱

会形成龙卷风的积雨云大多是在短时间内发展成巨大的云团，变成所谓的"超级雷雨胞"。"超级雷雨胞"大多是在潮湿闷热的空气中形成，这种庞大的云形成速度非常快，往往不到1个小时。一开始气流上升，我们甚至能看见那些积雨云变大的过程，它们向上蹿升的速度快到不可思议。如果云上方边缘的风和下方的风来自不同的方向，那么这些"超级雷雨胞"就开始旋转，形成气旋。气旋不断伸展，变细变强，形成令人生畏的云柱，一直伸展到地面，云柱的宽度从几米到几百米都有可能，它们以

每小时30到50千米的速度在陆地移动，看起来相当缓慢，可是在龙卷风的内部，空气转动的速度可以高达每小时500千米。当一个龙卷风从地面扫过，通常都会留下一道大破坏的痕迹，途中所有的东西都会倒下。

龙卷风来了！该怎么办？

尽可能躲到地下室，因为当龙卷风来袭，一栋房屋最安全的地方就是地下室。如果没有地下室，最好是在房屋内部找一个没有窗户的空间，然后蹲下。也可以用一张床垫把自己盖住，这能够保护你不至于被玻璃等小碎片击中。无论如何，一定要远离窗户，因为四处飞散的物品通常会将窗玻璃打破，而玻璃碎片就会成为危险的子弹。如果你正在开车，向与龙卷风移动方向相垂直的方向行驶，就能躲过它。千万不要坐在汽车里等待，因为汽车很容易被龙卷风卷起来，抛到半空中！

2013 年，一个龙卷风在美国俄克拉荷马州的郊区造成了巨大的破坏。只有少数房屋没有受损，大多数房屋都变成了废墟。

知识加油站

▶ "龙卷风走廊"指的是美国中部的一条狭长地带，这里是全世界最常出现龙卷风的地方。

▶ 每年的春季末期，这里能观测到大约 1000 个龙卷风，吸引了一大批观光冒险者。

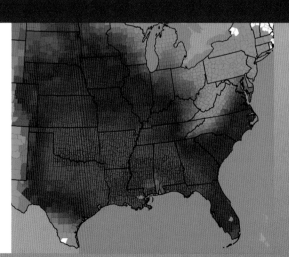

龙卷风——没有什么东西比它旋转得更快

知识加油站

▲ "漏斗云" 用来称呼旋涡中心形成的漏斗状云。漏斗云不一定会伴随有龙卷风出现，有没有龙卷风要看这股旋风是否会到达地面。

积雨云里的空气在飞速转动，形成了漏斗状云柱。

龙卷风前进的速度大约是每小时

30到50千米

龙卷风经过的地方总是留下一片废墟，面对大自然的这种威力，人类束手无策。

在云柱内部，空气转动的速度可达每小时500千米。

在地面上，一个龙卷风的直径宽度可达1000米。

龙卷风是这样形成的

▲ 冷空气和夏天里温暖湿热的空气碰撞在一起，形成了一个"超级雷雨胞"。

▲ 大气的不稳定性产生强烈的上升气流，上升气流在对流层中部开始旋转。

▲ 气旋向地面发展，并向上伸展，形成了云柱，这个云柱非常快速地绕着中心转动。

▲ 这个强风旋涡抵达地面，把所有的东西都卷了起来，于是就产生了龙卷风。

1 400 000 000 000 000 000 000 000
升的水

地球上的水多得不可思议，总计有 14 亿兆升！地球表面绝大部分被水覆盖，因此称地球为蓝色星球是有道理的，但其中大部分是海洋的咸水，而且大多数的淡水储藏在南极地区的冰川及北半球格陵兰岛的冰层里，因此，地球上的水只有很少一部分能够被我们当成饮用水。想象一下，假如全世界所有的水都被装进 1000 个水桶里，那么其中将有 970 桶装着咸水，只有 30 桶装着淡水，而在这 30 桶淡水当中，又只有 1 杯水是我们能够使用的，也就是河流和湖泊中的淡水，我们必须要意识到节约用水的重要性。

有趣的事实

厨房天气

在厨房里，煮水铁锅上方的水蒸气也可以形成"云"！

水蒸气在空气中形成了云，再从云中落下变成雨水。

这些水蒸气进入大气层，分散在整个地球上方。

海洋的水被阳光加热，从海里蒸发。

水循环调节了地球各圈层之间的能量。

➡️ **你知道吗？**

　　海洋对我们的天气来说很重要，原因有两个：由于海洋中含有绝大多数的水，所以它们不仅是地球上最大的蓄水器，也是最大的蓄热器。每年在海洋表面蒸发的水，要多过地球上所有湖泊和河流里的水，其中一大部分会变成雨水再回到海里，其余的部分则随着气流降落在陆地上。云为我们带来雨水，在冬天则带来雪花，而大部分的云都是由海洋里的水形成的。

雨水聚集在河流和湖泊，最终又流回大海。

露水和霜

　　我们周围的空气始终是潮湿的，其中含有我们看不见的水蒸气，就连在最干燥的沙漠也一样。不过，有时候我们却能看见、并感觉到空气中这种隐形的湿气，尤其是当夜里气温降低，在清晨的草地上就会形成接近地面的雾，蜘蛛网在晨曦中闪闪发亮，院子里的草地湿湿的，也都是因为有露水形成。露水也是一种降水，跟雨水很像，只不过露水不是从云里降下，而是从看不见的空气里来的。在冬天，当气温降到 0 摄氏度以下，就不会形成露水，但会形成霜，像糖霜一样点缀着草叶的尖端。

云是怎么形成的？

当看不见的水蒸气在空气里变成微小的水滴，就产生了云，这个过程叫作"凝结"，当空气冷却时就会发生。其实这种现象你可能也经历过，例如冬天的时候，当你戴着一副眼镜从户外走进温暖的室内，眼镜立刻会蒙上一层薄雾，这是因为温暖的室内空气在冰凉的玻璃镜片上冷却，经过凝结作用，就形成极小的水滴。回到天气的生成过程来看，在大气层中，当空气从地面升到高空，空气就会冷却，在某个时候，温度低到使空气中的湿气发生凝结作用，于是形成了极小的水滴。这些水滴非常轻，能够飘浮在空中，数以亿计的细小水滴就会形成一片云。云是动态的，云越厚，内部的变动就越活跃，仿佛在云里有许多部电梯。这些"电梯"当中，有些在上升，有些在下降，当搭乘的飞机刚好从云中穿过时，我们就能感受到这些"云中电梯"，因为飞机的机身会突然摇摇晃晃或者忽上忽下。

6 000 m

2 000 m

你相信吗？

雾其实就是地面的云！如果你站在雾中，就会知道站在云里是什么感觉了，你会感觉到那些细小水滴带来的湿气。

这是哪一种云？

云不是全部都一样的！它们的样子有很大的不同，分别出现在高、中、低三个"楼层"。在这里你可以看见最主要的 10 种云。

卷层云：

高而薄，像轻纱一样的云。它显示的是有一道暖锋正在接近，在几个小时之后可能会有降雨。

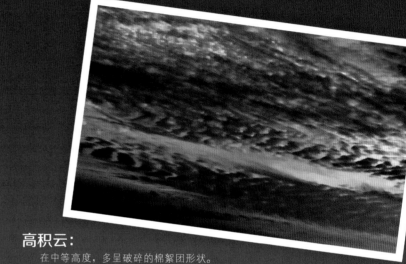

高积云：

在中等高度，多呈破碎的棉絮团形状。它们可以是雷雨即将来临的预兆，尤其是在早上，当它们看起来是一团一团的时候。

雨层云：

雨层云很厚，没有特别的结构，会带来持续很久的雨水。

积 云：

位于低空的积云，是一种在天气晴朗时出现的云，在阳光照耀的日子里，它们在接近中午时出现，到了晚上就散开了。不过，积云也可能变得很大，到后来形成积雨云。

卷 云：

高而薄，羽毛状的云。出现在晴朗的天气，但也可能是恶劣天气即将到来的最初征兆。

卷积云：

高而薄，由白色细纹、鳞片或球状细小云块组成，大多出现在持久的晴朗天气。但也表示冷锋即将到来，并带来风雨天气的前兆。

积雨云：

积雨云带来阵雨。如果它的最顶端散开来，形成所谓的"砧状云"，就会带来猛烈的阵雨、冰雹和雷雨。

高层云：

位于中等高度的层云，表示暖锋正在接近。等到不再看得见太阳，就预示着不久之后会开始下雨。

层积云：

层积云属于低云，由低而厚的云团构成，常常会带来下雨的天气。

层 云：

位于低空，当出现层云时，天空会看起来雾蒙蒙的，灰色且单调，类似地面上的雾。

雨是怎么形成的？

当你站在雨中的时候，如果抬头向上望，就会发现雨滴正从云里落下来。这些云大多不是纯粹的水云，而是混合云。它们含有由流动的水所构成的水滴，也含有很小的冰晶。因为就算是在盛夏，云也会抵达冰冷的高空。当水滴和冰晶同时在云里出现，冰晶完全吸取了水分，水在冰晶里冻结，冰晶就会越来越大，直到变成雪花或是冰粒。接着，这些雪花或冰粒就会从云里向下掉落，抵达比较温暖的空气层后就会融化，于是成为大颗的雨滴落在我们周围。有一些云里面没有冰晶，这种是"温暖"的云，当这种云里的小水滴互相结合、互相碰撞或是互相吸收后，就会形成较大的雨滴，当雨滴变得越来越大，也越来越重，最后就会从云里掉下来。在正常的情况下，下雨时的气温在 0 摄氏度以上。

最小的云中水滴和冰晶结合在一起。

云中水滴非常小，大约100万个小水滴才会形成一颗雨滴。

从天上落到我们身边的雨滴，绝大多数原本是一片雪花。

你相信吗？

可爱岛位于太平洋中央的夏威夷，是一座非常特殊的岛屿。因为在这座岛上有一个山区，是全世界降雨最多的地方之一！那里每平方米的区域，一年平均降水量约为 11684 升，这些雨水从天上直接落在岛上，差不多可以将 100 个浴缸装满水！

在智利阿塔卡马沙漠
的阿里卡地区，接连
14年没有下过一滴雨。

你知道吗？

雨滴的形状与我们平日在脑海中想象的或是画出来的不同。大多数的微小雨滴，也就是比较小的雨滴，形状为圆形。如果雨滴的直径大小超过2毫米，就会稍微扩散开来，形状像一颗豌豆。如果雨滴的直径大小接近5毫米，就会扩散得更加厉害，形状也会发生更大的变化！

< 2 mm

> 2 mm

< 5 mm

不过，在冬天即使气温低于0摄氏度，也可能会下雨。主要原因是最下层的空气冰冷，而上方的空气却比较温暖，这种情况在融雪季节到来之前最可能出现。这种气层温度"颠倒"的情况，使得云中形成的雨水会穿过冰冷的空气落到地面，如果这层冷空气只有一两百米厚，就不足以让雨滴结冻，于是即使我们的温度计显示的气温是零下3摄氏度，降落下来的也是雨水，这种雨就是"冻雨"。这种情况非常危险，尤其是对汽车驾驶员来说，因为冻雨一落到地面，很快就会结冰，不管是因为雨滴本身的温度低于0摄氏度，还是因为地面温度较低，冻雨在很短的时间内就会在马路、步行道或树枝上形成厚厚的一层冰。这会使大多数的汽车驾驶员措手不及，造成许多意外事故，导致高速公路上接连几千米的大塞车，就连负责在冰上撒盐防滑的车辆也因为冰上打滑而耽误工作。2013年1月，在德国就发生了这种情形：在滑得像镜子般的道路上一片混乱，法兰克福机场也因跑道结冰导致飞机无法起飞。

阳光＋雨＝？？？

在下雨时如果同时也有阳光，我们就能看见彩虹。彩虹是摸不着的，如果有人朝着彩虹跑过去，想从近处欣赏它的美丽，那么它就会消失不见，因为彩虹是在我们的眼睛里形成的一种光学现象。当太阳在我们背后，而我们望向雨云时，就会看到这种色彩的变幻。这是因为阳光在每一个雨滴里被折射和反射，白色的阳光就被分解成不同的颜色，于是我们可以在七彩的彩虹里看见各种颜色，从外到内分别是红、橙、黄、绿、蓝、靛、紫。

银白世界！

雪花和雨滴一样是在云里形成的。当气温低于零下 12 摄氏度，云里的小水滴就会冻结成极小的冰晶。冰晶是六角形的，但它们会结合成各种不同的形状，有枝状、板状或是星形。它们长得越大，形状就越丰富。冰晶往往会上上下下从云里穿过好几次，和其他的冰晶相互碰撞黏在一起，稍稍融化一些又重新冻结，于是就形成越来越大的结晶，不久之后就变成一片雪花。

雪花缓缓飘落

当雪花大到无法再飘浮于空气中，就会落下来，但掉落的速度比雨滴慢很多。雪花落下的速度大约是每秒钟 1 米，雨滴落下的速度大约是雪花的 6 倍。因此，晴朗的天空也可能会落下雪花，因为当雪花还在往地面飘落时，云早已经移到别的地方去了。

雪 崩

虽然用滑雪板从雪坡上滑过的感觉很棒，但是雪也可能变得非常危险。尤其是在像阿尔卑斯山这样的高山，如果在短时间之内落下太多雪，新雪就没办法和底下旧有的雪层结合，这时只要稍微受到干扰，新雪就会顺着山坡往下滑，一场雪崩就产生了。阳光的强烈照射和即将到来的融雪季节也会改变积雪层，导致雪崩发生。即使是由一个滑雪者所引发的小雪崩，也可能会变得很危险，会把人埋在下面。

问题在于，雪一旦停止滑动，就像水泥一样，又结实又沉重，一个人单靠自己的力量很难从雪中挣脱。山区大量新降的雪常常会引发雪崩，造成房屋毁坏，同时夺走许多人的生命。1999 年在阿尔卑斯山区就发生过一次大灾难，在 1 月底到 2 月底的几个星期之间，降下了超过 5 米高的新雪，当地有些地方从来没有下过这么多的雪，大量积雪在许多地方引发雪崩。其中一场雪崩冲向奥地利的加尔蒂，摧毁了许多房屋，造成至少 32 人丧命。当地为保护村落免于受到雪崩的危害，于是在许多山坡上栽植树木，并建造防止雪崩的防护栏。

知识加油站

 雪崩从山坡上向下冲的速度可以达到每小时 300 千米。

经过特别训练的雪地救生犬，能在厚厚的积雪之中找出被雪掩埋的人。

小 心!

许多滑雪和玩滑雪板的人常常对危险没有足够的认识。粉末般闪闪发亮的雪极为美丽，也十分吸引人，但你通常看不出来一个山坡是否有雪崩的危险。只要用滑雪屐或滑雪板从覆盖着新雪的山坡上滑下来一次，就足以引发雪崩。任何人在滑雪道之外滑雪而引发雪崩，不仅危及自身的安全，也会危害到其他人。

➡ 你知道吗?

在冬天非常寒冷的日子里，气温低于零下 20 摄氏度，水蒸气就可能会直接形成冰晶。这时候，空气中的水蒸气不会先形成云，而是直接被冻成冰晶。望向蓝天，你就会看见闪亮的冰晶飘浮在空中。

在高山上，一整年都覆盖着积雪。在格陵兰岛和南极地区厚厚的冰层上也是如此。

把雪当成暖垫：在南极和北极地区，有些动物会用雪把自己盖住。雪像保护层一样，充分发挥抵御寒风的功能。

雷 雨！

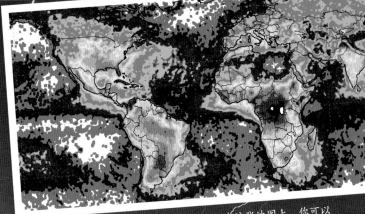

在地球上，每秒钟大约有 100 次闪电发生。在这张地图上，你可以从黄红色块看出最常出现雷阵雨的地区。

天空被乌黑的云层笼罩，一道闪电发出的刺眼光芒划破了黑暗，轰隆隆的雷声震耳欲聋。你肯定也经历过像这样的一场大雷雨。在天空中，你会看见所有云之中最庞大的积雨云。当它们出现时，白天就会变得像黑夜一般。由于天色变得异常昏暗，即使是中午时分，路灯也会自动亮起。

雷雨是怎么产生的？

温暖的空气上升，在上升的过程中因冷却而形成了云，这是大气层中的自然过程。可是，如果在炎热的夏日，空气特别温暖潮湿，空气就会上升到比平常更高的空中，同时形成越来越厚的积云，积云不断地扩大，变高变厚，就变成积雨云。在积雨云里，所有的东西都混乱地飞来飞去，雨滴、雪花、冰雹和冰晶被巨大的上升气流推动，急速地上下移动。一般的狂风和这种上升气流比起来，只是小巫见大巫。

多风的云

这些上升气流的速度达到每秒钟 100 米。这有多快？想象一下你站在一部电梯里，你才数到 1，电梯就已经爬升到了 100 米高的地方！由于雨滴、冰晶、雪花和冰雹的快速移动，在云里就好像形成一种巨大的电池，使积雨云积存了电力。这个电池只有通过巨大的火花才能放电，于是产生了闪电。

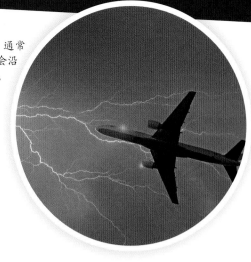

当飞机被闪电击中，通常不会有事，因为闪电会沿着飞机的外壳被引开。

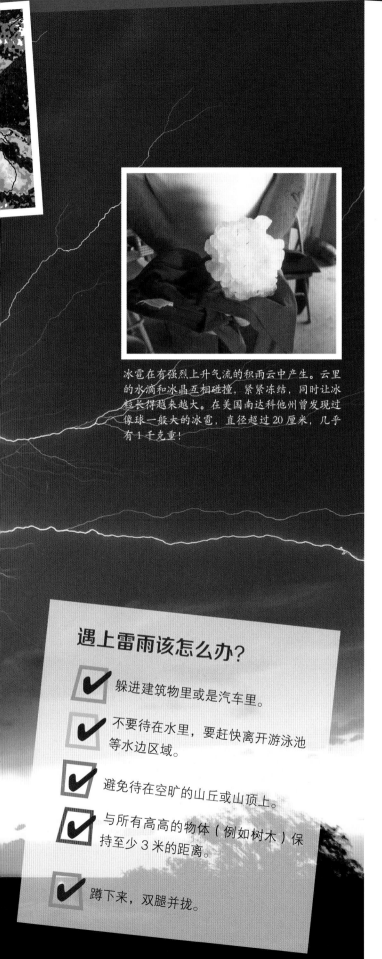

冰雹在有强烈上升气流的积雨云中产生。云里的水滴和冰晶互相碰撞，紧紧冻结，同时让冰雹长得越来越大。在美国南达科他州曾发现过像球一般大的冰雹，直径超过 20 厘米，几乎有 1 千克重！

闪　电

在你看见一道闪电之前，空气中早就发生了一连串奇妙的事情。从云里首先形成了一条"闪电通路"，以锯齿形向下延伸到地面，这是所谓的"阶梯先导"，可以说是空气中形成的电路。之后，闪电的电流就会从这个电路流过。一旦有了这个"闪电通路"，先导闪电就从云里沿着这个通路射出。在空中，这道先导闪电接着遇到来自地面的回击，这道回击通常是从位置高的点发出，例如教堂尖塔的顶端或是树梢。来自云里的先导闪电和来自地面的回击相结合时，就表示这条由空气形成的电路已经准备好让巨大的超级闪电通过了。

从天空到地面，闪电的长度可以超过 10 千米。

发出轰然巨响！

一道超级闪电通常由四五个接连发生的闪光构成，这就造成了闪电的闪动。天空发出闪光，会让空气的温度加热到 30000 摄氏度，这个温度是太阳表面温度的 5 倍。极端炽热的空气会爆炸般地膨胀开来，于是就产生了炸雷一般的可怕雷声。

遇上雷雨该怎么办？

☑ 躲进建筑物里或是汽车里。

☑ 不要待在水里，要赶快离开游泳池等水边区域。

☑ 避免待在空旷的山丘或山顶上。

☑ 与所有高高的物体（例如树木）保持至少 3 米的距离。

☑ 蹲下来，双腿并拢。

什么是气候？

气候带改变

由于全球气候暖化，全世界的气候带都朝着南极和北极推移。在北极地区的冰，也一年比一年少。

哪一种天气对一个地方来说是典型的呢？度假地点比起家里通常是比较暖和还是比较冷？从前的冬季所下的雪更多吗？从前的夏季天气更热吗？每个人都熟悉这些问题，但在回答这些问题前，我们需要知道有关当地气温、雨量等天气的平均数值，也就是一个地方的气候，这样才能知道什么天气才是典型的正常情况。这些数值往往需要经过长时间的计算，因为天气一直在改变，而且每年都不一样，因此气象学家通常会用 30 年的天气观测结果来计算标准气候平均值。这些平均值主要是气温和降雨量，用来区分地球上不同的气候带。

地球上的气候带

热　带：有非常干燥的沙漠地区，也有十分潮湿的雨林地区。在热带，全年几乎都是高温。

亚热带：夏季炎热，冬季温和。在这个范围里有全世界最大的沙漠——非洲的撒哈拉沙漠。

温　带：位于回归线和极圈之间。四季分明，降雨分散在全年当中。

副极地气候带：位于中纬度地区和两极地区之间，冬季长而寒冷，夏季短而凉爽。

极地气候带：冰原广布，一片银白的世界。全年气温都在 0 摄氏度以下，就连夏季也很寒冷。

什么是温室效应？

温室效应是大气层很自然的一种效应，就是因为有这种效应，地球上才得以发展出生命。围绕着地球的这层空气具有像温室的玻璃屋顶一样的作用，它让阳光穿透，从而十分迅速地将温室里的空气加热。在夜里，则能够防止空气急剧冷却，尤其能在春天寒冷的夜里保护植物不受低温侵袭。在大气层里当然没有这样的玻璃屋顶，但是大气层里有几种气体能达到类似的效果，特别是水蒸气，还有二氧化碳和甲烷，这些气体可以防止地球过度冷却，假如没有这些"温室气体"，地球的平均温度就会是零下 18 摄氏度。

地球在逐渐升温

在最近几年，大家越来越关注温室效应。因为在大气层里，温室气体的所占比例从大约 150 年前就增加得越来越快，尤其是二氧化碳。举例来说，为了生产电力而燃烧煤炭、石油或天然气，就会产生二氧化碳。空气里的二氧化碳含量不断升高，温室效应就越来越强，地球就会越来越热！

节约用电对气候很有帮助，你也可以做得到！例如随手关灯，不用时就把电灯关上。

飞机燃烧油料，也对环境造成了很大负担。

全世界的汽车数量超过 10 亿辆，汽车排放的废气加剧了气候的暖化。

发电厂和工业设施把大量二氧化碳排放到大气层中。

森林失火时会释放出有害的气体。

气候在改变

科学家一直在研究地球上的气候，例如他们能够计算出在过去的 100 年间，气候是否变暖了，以及变暖的程度有多强。因此我们知道，在过去这 100 年里，德国的气温大约上升了 1 摄氏度。如果在世界各地都测量出同样强烈的暖化情形，也就意味着气候改变了，或被称为"气候变迁"。这种情况让许多人担心，因为这是 1000 年以来最强烈的气温上升。

气候变迁会导致什么情况？

研究气候的科学家正在尝试计算在未来的几十年和几百年，地球暖化的进程会是什么情形。据预测，到了公元 2100 年，世界各地的气温都会上升 2 摄氏度到 4 摄氏度。不过，这对我们来说意味着什么呢？

**威尼斯的
圣马可广场**

如果海平面继续上升，意大利的这座城市就会越来越频繁地被水淹没。

随着全球暖化，高山的冰川和两极冰帽的冰层会融化。阿尔卑斯山绝大多数的冰川会完全消失，融化成的水会流进大海，海平面就会上升。在几百年后，海平面可能会上升好几米，许多沿海城市将会被淹没，但有些地区可能由于气候变迁而变得更加干旱。

1906

2003

阿尔卑斯山的冰川从 1850 年以
来缩小了一半以上。

如果我们利用风力发电，就不会排放
二氧化碳。因此，在风特别大的地区，
适合设置风力发电装置。

知识加油站

▶ 少吃肉对保护环境有帮助。

▶ 养殖的牛越来越多，会增加
温室气体甲烷的排放量，加
强温室效应。

▶ 牛是反刍动物，它们排气和
打嗝时会排出甲烷，而且分
量相当多。

结冻的土地

在北极地区，好几米深的土地都是结冻
的。在西伯利亚北部地区，结冻的土地甚至
深达 1000 米！只有在夏天，土地的表层才
会稍微解冻。不过，解冻的土壤只有 1 米深，
下面的土壤永远处于冰冻状态，因此被称为
"永冻层"。在未来几年，永冻层由于气候暖
化会解冻得越来越多，这样一来，从土壤中
会释放出许多温室气体，比如二氧化碳和甲
烷，这些气体进入大气层后，会使地球更加
暖化。也就是说，气候变暖的情况会加剧，
科学家把这种现象称为"气候反馈机制"。这种彼此之间互相
影响的效应，在大气层、海洋、土地和植物界之间还有很多，
但由于我们还不了解所有的关联，很难准确预知气候究竟将
会如何改变。

冰河期

南极地区被厚厚的冰层覆盖，大约 4000 万年前，南极就是这样的冰冷严寒。北极也是类似的景象，在大约 200 万年前，格陵兰岛开始结冰，我们说的第四纪大冰期就是从这个时间点开始。如今的我们仍旧处在这个冰河期。不过，冰河期的意思并不是说天气一直都很冷，或者所有的东西都结冰，而是冷的时期和暖的时期互相交替，比较冷的时期称为"冰期"，比较暖的时期称为"间冰期"。目前，我们正处于冰河期当中的温暖时期。在过去的 200 万年里，结冰和无冰区域的分布一直在不断变动。在冰期时，就连德国的土地也覆盖着厚厚的坚冰。欧洲最重要的冰期有埃尔斯特冰期、萨埃尔冰期和易北冰期等。

为什么会有冰河期？

地球一再冷却和结冰的原因，和它绕着太阳旋转的运动有关。地球绕行太阳的轨道大约每 10 万年会改变一次，地轴的倾斜度也大约每 4 万年会发生改变，也就是说我们的地球在宇宙中有时候站得比较斜，有时候站得比较直，因此从太阳那儿得到的热量有时候少一点，有时候多一点。此外，地球表面的缓慢改变对冰河期也有影响，因为各个大陆仍在运动中，大陆板块会在不同的纬度间漂移。由于南极大陆位处南极附近已经很久了，它从好几百万年前就披着一层厚厚的坚冰。

你相信吗？

最大的冰原在北极和南极。目前地球表面大约有百分之十的面积被冰原覆盖着。

位于南极地区的诺伊迈尔Ⅲ科考站。科学家在这里工作，他们的研究目标也包括气候。

每天中午，科学家都会把一个氢气球从这个气球充气间放飞到大气层。

三个柴油发电机为科考站提供能源。

通往车库的车道。车库建在雪地上，里面停放着的摩托雪橇和履带式科考车辆都受到良好的保护。

这些支柱内部安装有液压千斤顶，可以升高整个科考站，以免被增高的积雪掩埋。

这个科考站除了实验室和宿舍之外，还有健身房和图书室，以及一间用来替受伤者做手术的手术室。

下一次的冰河期什么时候到来？

在 17 世纪和 18 世纪，曾经有过一次所谓的"小冰河期"，那时候的冬天非常冷，冰川分布面积也扩大了。当时农作物收成不好，生活在欧洲的人饱受饥荒折磨。这次"小冰河期"出现的原因直到今天都还不清楚，但可以确定的是，地球是一个温暖的星球，冰河期算是例外。可是在几万年后，的确可能会有新的冰河期出现，到时候欧洲甚至全世界会有更多地区消失在巨大的冰川下。不过，这种情况会不会发生还是个疑问，因为目前我们的气候在改变，正朝着全球变暖的方向发展。

➡ 你知道吗？

大约 2.1 万年前，欧洲的大部分地区都被埋在一层厚厚的冰层之下，当时几乎没有人生活在那里，而少数生活在那儿的人没有留下关于天气的记录。那么我们为什么还是知道过去的气候状况呢？因为我们可以在冰里找到答案！科学家在格陵兰岛和南极地区钻冰，从深处取出"冰芯"。从冰芯可以看出不同的冰层，就像一棵树的年轮一样，它们显示出这块冰的年纪，显示出几千年前的雪量下得比较多还是比较少，当时是比较冷还是比较热……科学家也可以从湖泊或海底的古老沉积物里找到类似的信息。

徒步穿过海洋？

你能从西伯利亚走到阿拉斯加吗？看一下世界地图，就会发现这是不可能的，因为这两个地方被水域分隔。不过，事情并非一直都是这样。大约在 1 万年前，那里没有水，西伯利亚和阿拉斯加之间有陆地相连。因为在上一个冰河期，许多水都储存在厚厚的冰层里，因此海平面要比现在低了大约 120 米。也许美洲的原住民，就是通过这个陆桥从亚洲迁移到北美洲的。

2.1 万年前的白令海

如今的西伯利亚、白令海峡和阿拉斯加

运送海水的洋流

当我们行驶在海上，望向海面时，就会看见波浪击碎在海岸上。我们看不见的是，海洋内部的深处也在发生着运动。那里的海水像是高速公路上涌动的车流，纵横交错地穿过所有的海洋。

这些洋流对我们的天气影响非常大，因为它们把寒冷的海水运到哪里，哪里的天气就比较冷，而海水温暖的地方，天气也就温暖。举个例子来说，墨西哥湾暖流把温暖的海水从墨西哥湾运送到欧洲，因此欧洲的气候相对来说比较暖和。可是，是什么在推动这些洋流呢？墨西哥湾暖流是北大西洋最重要的洋流，这股

洋流的名字取自墨西哥湾，因为温暖的海水从墨西哥湾流向北方，流经冰岛和斯瓦尔巴群岛之间的冰层分界，最终通往北冰洋。

上暖下冷

北冰洋的海面漂浮着大块浮冰，气温极低，海水很容易结冰。不过，在结冰时，盐分留在水里，结冻的冰完全是由淡水构成的。因此，在冰块边缘的海水不仅冰冷，而且特别咸。因为寒冷和盐分这两个因素，使得海面的海水变重，于是向下沉到海底，而且量很大，就像一个和德国差不多大的巨大瀑布。

洋流影响了我们的天气和气候。墨西哥湾暖流把温暖的海水从墨西哥湾运送到欧洲，它是欧洲的"热水暖气"，因为有了它，就连斯堪的纳维亚半岛北方的海港，在冬天也不会结冰。

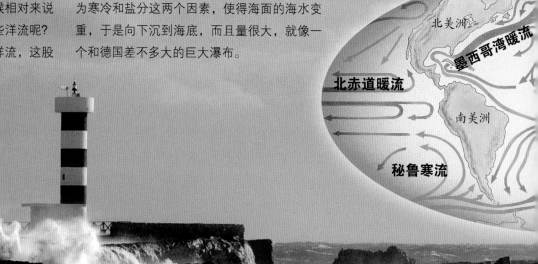

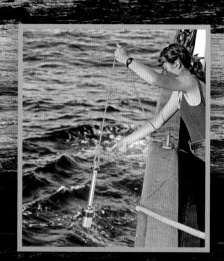

要测量海水的温度，可以用装有电子温度计的定位浮标。不过，科学家们直到如今仍然会用水桶来确定海水的温度：用水桶汲取海水，再把温度计放进去，测量出水温。

海水下沉后，必须有从别处流过来的海水填补海面，这些海水就是来自加勒比海和墨西哥湾的温暖海水，从北大西洋被"吸过来"。当温暖的海水在上方流动，下沉的海水则在海底流过整个大西洋，流进其他的海洋，于是所有的洋流就这样彼此相连。

亚洲

日本暖流

大洋洲

厄尔尼诺现象

"厄尔尼诺现象"是大家熟悉的一种气候现象，每隔几年就会改变地球上许多地方的天气。这是因为在南美洲太平洋海岸前方，海水的温度突然改变。那里的海水通常是冷的，很少会超过 20 摄氏度，可是每隔几年，26 或 27 摄氏度的温暖海水会从印度尼西亚横越过太平洋，来到秘鲁和厄瓜多尔。突然上升的海水温度，几乎对全世界的天气产生极大的影响，比如在南美洲及美国西部的太平洋海岸造成灾难性的洪水，平常潮湿的亚马逊雨林地区则突然遭受干旱，在大洋洲和印度尼西亚也一样，干旱还导致森林大火多发，甚至非洲也受到影响：非洲南部变得干旱，非洲东部则出现洪水。

有趣的事情

升高的海面

沿着温暖的墨西哥湾暖流，海面大约向上隆起了半米！注意哦！温暖的水会膨胀。

天气预报

依靠着在世界各地都设有的测量仪器，全世界的天气都受到气象人员全天候的观测。地球上的气象观测站并没有一个明确的数目，因为每年都有大量的观测站在增加。近年来所设置的主要是自动气象观测站，它们能在气候特别极端的地区观测天气，例如北极、高山地区或是南极地区。每逢整点的时候，研究人员就会确认所有气象观测站所测量到的数值，由世界各地的气象学家加以评估。利用这些大量的测量数据，气象学家就能预告接下来几天的天气状况。中国的科学家们甚至在珠穆朗玛峰上搭建起了一套自动气象观测站，全天候从这里传送天气报告。

聚焦式日照计

用玻璃球就可以确定日照持续的时间。每天早上在日出之前，把一张纸固定在玻璃球后面，等到阳光出现，玻璃球就会发挥凸透镜的作用，使阳光聚焦，在纸上留下烧焦的痕迹。于是人们就可以知道太阳从什么时候开始照射，日照时间有多长。

温度计

温度计大概是最重要的测量仪器之一了，因为人人都想知道天气有多冷或是多热。很重要的一点是，温度计必须是测量阴凉处的温度，因此温度计被放在一个白色的百叶箱里，空气可以从百叶箱的缝隙通过。除了当下的气温外，温度计还会记录一天的最高和最低气温。依照百叶箱的架设方式，温度计测量到的一般是距离地面约 1.5 米的空气温度。

雨量计

下雨的时候，我们也想知道下了多少雨，这个数值通常用降水多少毫米来表示。如果 1 个小时内共降雨 20 毫米，那么这个小时的降雨量就是 20 毫米。将专门收集雨水的雨量计放到室外，只要看量杯刻度就能知道降雨量了。

闪电定位系统

在欧洲有一个闪电定位系统，由 145 个测量站组成。这些测量站用来测量闪电在大气层释放的电磁波。有了这些信息，就能准确地计算出闪电会击中哪个地方，误差在 200 米以内，同时可以计算出闪电的强度。这样一来，如果有大雷雨即将来临，它就能事先预告，向当地居民预警。

测雨雷达

你也许在飞机场见过雷达站。在一个大大的白色圆顶下，藏着发射雷达波（电磁波）的雷达天线。这些雷达波会被飞机反射回来，再被雷达站接收。这样一来，空中交通管制员就能清楚地知道哪一架飞机的位置在哪里。雨滴和雪花也会把雷达波反射回来，因此用测雨雷达就能准确探测降雨或降雪情况。

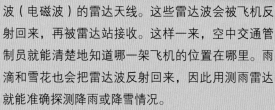

风速计

远远地就能看见风速计在转动，说得准确一点，风速计是将一个有着 3 个风杯的架子装在 10 米高的杆子上。风越大，风速计就转动得越快。风向由一面风向旗来确定，通常都直接装在风速计上。

探空气球

做天气预报很重要的一点是，要知道在不同高度的风有多强、从哪个方向吹来，以及在大气层不同高度的气层的温度。这些是用探空气球来进行测量的，各个天气观测站每 6 个小时会升起一个氦气球，一直升到约 20 千米的高空。气球上固定着小型电子测量仪器，能把测量到的数据用无线电传回地面的工作站。

太空中的观测者

从 1960 年起，气象卫星就一直在太空中观察着地球。最早的卫星拍摄云层，把黑白照片传回地球。如今有许多不同种类的气象卫星，它们能做的事更多。所谓的同步卫星，飘浮在地球表面上方 36000 千米的高空，而且刚好在赤道正上方。这些卫星所在的位置，让它们恰好能随着地球转动，并且始终留在同一个位置上。这样做的好处在于，一个同步卫星能够一直拍摄同一个地区的照片，每隔 5 到 15 分钟就会拍下一张照片，之后用这些照片制成一段卫星影片，从影片中就能准确看出云往哪个方向移动。

追随热的踪迹

不过，新型的气象卫星不仅仅是飞行的照相机，它们载满了测量仪器，用无线电把气温、云、风，甚至海浪高度等各种数据传回地球。除了"普通"的相机之外，气象卫星也用红外线照相机拍摄云层。红外线照相机能测量到我们肉眼看不见的热辐射，因为每个物体都会放射出热量，而且在不同的温度下所散发出的热量不同。由于在高空的云层多半很冷，在红外线照片上，可以和比较温暖的地区清楚地区分开来，于是气象学家们在夜间也能看出地球上哪些地方有云、哪些地方没有。

太阳能板上的太阳能电池可以为卫星提供电力。

有些人造卫星只飞行在 300 千米的高度上，可以拍摄非常清晰的地球照片。

借助地磁仪可以确定卫星的位置。

人造卫星借助一根天线和地球保持联系。

气象卫星提供的信息，对于船只的航行也有很大的帮助，例如这些信息能够显示船只的航行路线附近是否有危险的冰山。最新型的卫星甚至能确定海浪的高度，误差只有几厘米。

目前有1000多个人造卫星绕着地球飞行工作，其中大约有40个是气象卫星。

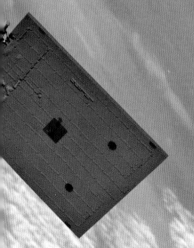

➡ 你知道吗？

卫星图片每天都向我们展示地球上正在发生的事，因此这些"宇宙密探"在防治自然灾害上也扮演着越来越重要的角色，例如卫星能发现火山爆发、森林火灾、沙尘暴或洪水。卫星图片能帮助消防队员和救援人员评估哪里需要他们协助，并且提供抵达灾区的最佳途径。

气象图上
有些什么？

当你在网络、电视或报纸上看见天气预报时，你常常会发现一张天气图。这通常是一张气象卫星云图，上面画着粗细不同的线条，还标着数字。这张气象图显示出地面上气压分布的情形，对许多人来说，这是了解当前天气状况的重要依据。

1千克的空气

气压是作用在单位面积上的大气压力，这个压力是很大的。在相当于指甲大小的面积上，就有1千克的空气压在上面，只是我们感觉不到。因为气压从四面八方产生作用，而我们的身体"游"在空气中，就像潜水的人游在水里一样。在天气的形成中，气压扮演着重要的角色，因为气压会改变。

空气有时候比较重（高气压），有时候比较轻（低气压），在高气压地区天气通常晴朗干燥，在低气压地区则潮湿、多云、有风、有雨。

高气压与低气压

在德国的气象图上，一般人都能认出高气压区和低气压区——高气压用字母 H 表示，低气压用字母 T 表示。而在中国大陆的气象图上，高气压是用"H"来表示，低气压用"L"来表示。那些细线是"等压线"，表示在这条线上的气压相同。这些线越是紧密地挤在一起，就表示那里的风越大。围绕在低气压周围的等压线比较密，围绕在高气压周围的等压线彼此之间距离比较远。一个低气压地区有两种不同的气团旋转在一起，一个是来自北方的冷气团，另一个是来自南方的暖气团。它们相遇时暖气团起主导作用的锋称为暖锋，冷气团主动向暖气团移动形成的锋称为冷锋。由于冷空气移动较快，随着时间的推移，冷锋会追上暖锋，形成一种混合锋面，被称为锢囚锋。

知识加油站

▶ 在高气压周围的风是依顺时针方向旋转，在低气压周围的风则是依逆时针方向旋转。不过，只有在北半球是这样，在南半球的情况正好相反。

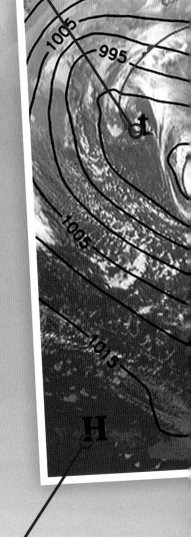

副低压

1005

995

1005

1015

H

高气压区

气象图在每一次的天气预报中都扮演着重要的角色。在这张图上，你看见了欧洲一种典型的天气状况，有晴朗无云、带来好天气的高气压区，也有伴随着云带的低气压区。

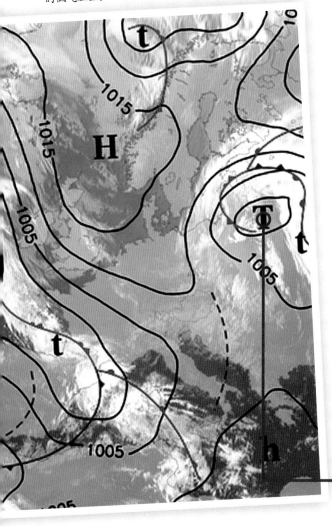

清　单

要做天气预报，气象学家需要评估大量的气象资料。在这里你可以看见从当中挑选出来的几种：

- ☑ **平均气温**
- ☑ **最高温和最低温**
- ☑ **地面温度**
- ☑ **空气的湿度**
- ☑ **风速**
- ☑ **阵风**
- ☑ **风向**
- ☑ **云的种类**
- ☑ **云的高度**
- ☑ **天空的云量**
- ☑ **气压**
- ☑ **水温**
- ☑ **降水的种类（雨、雪、小冰雹、冰雹等）**
- ☑ **降水量**
- ☑ **日照持续的时间**
- ☑ **能见度**

➡ 你知道吗？

由于风是斜斜地从高气压里吹出来，也斜斜地吹进低气压里，用下面这个简便的方法，你就能确定低气压的位置。调整你站立的方向，让风吹在你的背上，这时候低气压就在你左前方，而高气压就在右后方。

低气压区

当一个低气压接近时，我们可以从云的上升状况看得出来。首先，薄纱状细细高高的卷云出现在天空中，它们会渐渐地变得比较密，形成卷层云。然后，当太阳变得像是乳白色的圆盘从云后面露出来，卷层云就变成了高层云。最后会开始下雨，此时在我们上方的是雨层云，表示暖锋到达我们这儿了，等雨停了，我们就处于暖气团控制的区域里。冷锋在某个时候会接近，厚厚的积雨云出现在天空中，阵雨、雷雨和强烈阵风横扫过陆地。在冷锋过境之后，天空中的云很快就会散开，空气清澈，视野非常好，之后还可能会下几场阵雨，但是在这期间偶尔会出现阳光，因为低气压离开了。

气象报告的产生

我是卡斯登·许旺克，是一名气象学家，为电视台制作气象报告。"大家晚上好，欢迎收看天气预报！"这是我在报告之前通常会说的话。我向电视观众所做的天气预报，是在之前好几个小时的工作里产生的。要做好天气预报，最重要的是能全面掌握当下的天气数据，因此我花了很多时间，一次又一次地观看卫星图片，观察云往哪里移动。我把卫星图片和来自几千个天气观测站的测量数据相比较，气温有多高？昨天夜里有多冷？在某个地方下雪了吗？在欧洲或是世界的哪个地方发生了暴风雨吗？我监视着气象雷达，注意看哪里正在下雨、雨势有多强、雨往哪边移动，注意着监测闪电的计算机，判断是否会有雷雨发生。

计算机能帮忙

接下来，我会去看大型计算中心做出的运算结果。在这里有无数架计算机，它们根据所测量到的天气数据，会计算出接下来 10 天到 15 天的天气发展，但由于天气一直在变化，因此必须每 6 小时就重新计算一次。这些计算机运算被称为"模式"，借助这些模式能预测及掌握当下的天气，我思考着天气在接下来这几天可能会变成什么样。

在电视台的摄影棚里，卡斯登·许旺克正在播报未来几天的天气。

从卫星拍摄的影片中，可以看出云层移动的方向。

卡斯登·许旺克在气象观测站工作。

我计算出接下来这几天的最高温和最低温，试着估计出风会有多强。接着，我用绘图软件制作出气象图，之后会在电视上展示这张图。另外很重要的一点是，我会不时注意外界的天气变化，因为我还想做点特别的事。天气是如此有趣，所以我每天都想多告诉观众一些关于天气的故事，我总能在世界上的某个地方发现故事，不管是楚格峰上高达几米的积雪，还是结冰的波罗的海，或是地中海的水温、西班牙的高温纪录……

➡ 你知道吗？

近年来，天气预报变得越来越准确了。新型的卫星和雷达图片以及许多新的气象观测站，让气象学家更能够准确掌握当下的天气状况。而在计算中心有全国最大、最快的计算机在工作，它们越来越准确地计算出接下来的天气发展趋势，例如明天会有多暖和？是否会阴雨绵绵，还是大致晴朗？如今的气象学家都能做出很好的预测。

多变的天气

"一只蝴蝶在巴西雨林里拍动翅膀，就可能在两周后引发美国的一场龙卷风！"气象学家洛伦兹曾经这样说。这是一个很棒的比喻，说明了天气变化的特性。由于气象学中有那么多因素都会对天气产生影响，就连在世界某个地方最小的变化，都可能对遥远的地区造成很大的影响。因此，天气预报只有在短时间之内是符合实际情况的。如今气象学家虽然能够十分准确地预告未来1天到3天的天气，未来1个星期之内的天气也能预测得相当准确，尤其是预测天气是否会维持不变，还是会有强烈变化。但除此之外的一切，就难以预测了。想要预测明年夏天是否会特别炎热，或是今年冬天是否会下很多雪，这是完全不可能的，因为天气变化实在太容易了，这要取决于许多的变动因素。

名词解释

龙卷风可以达到大自然里的最高风速。

大气层：包围着地球的一层空气。大气层主要含有氮气，以及我们呼吸所需要的氧气，此外还有二氧化碳和水蒸气等。

积雨云：比积云更庞大的、高度更高的一种云，会带来阵雨或雷阵雨的天气。

厄尔尼诺现象：一种常发生在南美洲太平洋海岸的气候现象。每隔几年，温暖的海水从印度尼西亚越过整个太平洋，一直流到南美洲，使东太平洋海水异常增温，这个现象在地球上的许多地方都造成极端的天气变化。

墨西哥湾暖流：大西洋一股很强的洋流，从墨西哥湾一直延伸到欧洲，把温暖的海水带到北方，使得欧洲有温和的天气。

冰 雹：冰粒大于 5 毫米的降水，往往伴随着一场雷阵雨。

光 晕：阳光在高空透过薄纱般的云层时，产生的光的现象。光线被云里的冰晶折射和反射，产生了彩色的光轮。

二氧化碳（CO_2）：大气层中的气体，是造成温室效应的一个重要因素。由于燃烧煤炭、石油和天然气的缘故，二氧化碳的含量从 1850 年起就开始不断升高。

高气压区：气压高的地区。通常伴随着晴朗温暖的天气（在夏季），或是伴随着雾、低层云和霜等天气现象（冬季）。

飓 风：在大西洋温暖海水上方生成的热带气旋，直径最大可以达到 1000 千米。飓风以每小时高达 250 千米的风速，带来暴风和洪水，在陆地上造成极大的破坏。

季 节：一年当中一段特定的时间，通过特定的气温（春、夏、秋、冬）或是通过降雨（干季、雨季）而显示出来。

冷 锋：冷气团主动向暖气团移动形成的锋。常会出现阵雨和雷雨、强烈阵风，在冷锋过境之后，空气能见度会明显变好。

气 候：一个地方长年（通常是30 年）的平均天气状况。

气候变迁：谈到当前全球暖化时常用的字眼，根据大多数科学家的看法，这种暖化现象是由人类造成的。

甲烷（CH_4）：大气层中的气体，虽然量不大，但是它造成的温室作用是二氧化碳的 25 倍到 30 倍。

雾：由于空气里的小水滴，使得能见度少于 1000 米的天气现象。

臭氧层：大气层里薄薄的一层气层，会挡住阳光中有害的紫外线。

永冻层：南极与北极地区长期冻结的土地，就连在夏季也只有表面会融化。

极 光：发生在高高的大气层中的光的现象。当太阳带电粒子进入地球的大气层，就会产生极光。

氧气（O_2）：无色无味，在大气层里以气体形态出现。氧气由植物制造出来，大多数的生物呼吸时都需要氧气。

台 风：发生在太平洋的热带气旋。在亚洲多叫作台风。

低气压区：气压低的地区，低气压通常带来坏天气。典型的情况是多云多雨，而且风速很高。

暖 锋：在低气压区里暖气团移动方向的前沿形成的锋，典型状况是层状云和连绵的阴雨。

温室效应：一种自然的效应，使地球的大气层发挥犹如温室般的作用，避免地球过度冷却。不过，由于进入大气层的二氧化碳增加（原因包括汽车和发电厂所排放的废气等），造成地球的气候暖化。

龙卷风：大气中小范围的强风旋涡，在一团积雨云下方形成。风速有时候会超过每小时 500 千米。

对流层：大气层中最低的一层（通常是 8 到 16 千米高），我们的天气就在这一层里形成。

气旋风暴：发生在印度洋上的热带气旋，也就是我们所说的台风或北美洲人所说的飓风。

热带气旋：发生在热带、亚热带地区海面上的气旋性环流。热带气旋中心风速持续达到每小时 118 千米或以上称为飓风、台风或气旋风暴。

图片来源说明/images sources：

Alfred-Wegener-Institut: 36（Hg.-Ude Cieluch），British Antarctic Survey/ A.P.TAYLOR/Endurance Design:37上中，37上右，Corbis:9下右（Reuters/HANDOUT），18/19,24右（Chengas），Deutscher Wetterdienst:47上右，38/19,24右（Chengas），ESA:4下右，Getty:3下（K.Wothe），5下（J.Edds），9上右（H.Klkstra），10（Hg.-oscaryang1989taiwan），11下中（P.Turner），11下右（Hans Neleman），14上右（L.Georgia），14/15下中（E.Sampers），20上（Carsten Peter），20/21（Hg.-J.Lund），21上右（AFP），25 中左（D.Millar），26下（D.Delimont），28/29（Hg.-N.Clayton），29 上右（T.Kinsman），29下右（T.Stock），31右上（Photo Researchers），32中右（Subtropen-K.Wothe），32中下（Subpolar-K.Heacox），35中左（P.Oxford），38 左下（J R Factor），48右上（J.Lund），GoF © Sammlung Gesellschaft für ökologische Forschung/Wolfgang Zängl:35 上，Mauritius Images/R.Mühlanger/ib:41中左，Kliemt，F.:26,38/39 中，Kluger，M.:7右，12下右，13下右，NASA:3右上，16/17（Hg.），30 右上，42/43（Hg.），NOAA:4/5（Hg.），5上,5 中左，19 中右，Ohnesorge,G.:22/23下，Picture Alliance:2右下（Paul Mayall），13上中（Photoshot），15 中（J.Wilson/R.Harding），17左上（K.Anderson），17中

上（Sullivan），18中右(dpa)，18/19中(T.Gutierrez)，18左下(P.Mayall)，25 左下(G.Czepluch/Wildlife)，34（Hg.-VISION)，35右下(H.Schweiger/WILDLIFE)，39右上(J.Mabanglo)，39中上(P.Malasig)，40左上（S.Pilick)，40中右(M.Schmidt)，40/41中中(Hg.-K.Hildenbrand)，41右上（M.Tirl)，41中右(A.Hormes/Alfred-Wegener-Institut)，43右下(K.Foersterling)，Reimann.E.:6,33，Shutterstock:1,2 中左(Pi-Lens)，3右上(J.Insogna)，6/7(Hg.-Mikhail hoboton Popov)，9中左(K.Dmitry)，8/9（Hg.-F.Fuxa)，11左上（Pi-Lens)，11右上(D.van de Water)，11（Hg.-Roberaten)，12/13(Roberaten)，12/13（Hg.-C.Pole)，13左中（M.Dykstra)，13中中(A.Donko)，14中右(dubassy)，14/15下（Hg. -IndianSummer)，15左下(MauritsMinus8)，16右(Roberaten)，22上右(Firma V)，23上（U.Shtanzman)，23中(V.Volrab)，23右中(yanikap)，24中（S.Bonk)，24左下（M.Fuller)，24/25（Hg.-WDG Photo)，25中左(pzAxe)，25右上（L.Wee)，25 中右(chbaum)，25 右下(PHOTO FUN)，27右上(C.Venne)，27右下(fotofred)，28中右(deepspacedave)，28/29中(E.Vasenev)，29右中(A.Ivanov)，30(Hg.- Minerva Studio)，31左上(muratart)，31右下（J.Insogna)，32中右(Tropen-MJ Prototype)，32下左(gemäßigt-P.Krzeslak)，32下右(Polar-V.Goinyk)，32上右(A.Holmberg)，35中右(pedrosala)，36

上右(V.Goinyk)，38/39(Hg.-AndrusV)，40/41（Hg.-Roberaten）43中中(V.Goinyk)，44 (Hg.-M.Ibrahimagic)，45上右(Prapann)，47右（Roberaten）47中右(P.Kazmierczak)，Thinkstock:24下右(A.Pakhnyushchyy)，Wikipedia:24中右(S.Eugster)，40中中（Bocholter)，17下(NASA/Nilfanion)，24中下(Karte-LordToran)，37下(NOAA)，Zentralanstalt für Meteorologie und Geodynamik: 44/45 中

U4: Corbis (Yevgen Timashov/beyond)

设计: independent Medien-Design

内 容 提 要

　　本书介绍了天气的由来、冷与热、风的形成、水的循环，向孩子介绍天气与气候的有关知识，并呼吁关注气候变化。《德国少年儿童百科知识全书·珍藏版》是一套引进自德国的知名少儿科普读物，内容丰富、门类齐全，内容涉及自然、地理、动物、植物、天文、地质、科技、人文等多个学科领域。本书运用丰富而精美的图片、生动的实例和青少年能够理解的语言来解释复杂的科学现象，非常适合 7 岁以上的孩子阅读。全套图书系统地、全方位地介绍了各个门类的知识，书中体现出德国人严谨的逻辑思维方式，相信对拓宽孩子的知识视野将起到积极作用。

图书在版编目（CIP）数据

　　百变天气 ／（德）卡斯登·许旺克著 ； 姬健梅译
. -- 北京 ： 航空工业出版社，2021.10（2023.10 重印）
（德国少年儿童百科知识全书 ： 珍藏版）
ISBN 978-7-5165-2745-0

　　Ⅰ．①百… Ⅱ．①卡… ②姬… Ⅲ．①天气－少儿读物 Ⅳ．① P44-49

　　中国版本图书馆 CIP 数据核字（2021）第 196542 号

著作权合同登记号
图字 01-2021-4047

Wetter. Sonne, Wind und Wolkenbruch
By Karsten Schwanke
© 2013 TESSLOFF VERLAG, Nuremberg, Germany, www.tessloff.com
© 2021 Dolphin Media, Ltd., Wuhan, P.R. China
for this edition in the simplified Chinese language
本书中文简体字版权经德国 Tessloff 出版社授予海豚传媒股份有限公司，由航空工业出版社独家出版发行。
版权所有，侵权必究。

百变天气
Baibian Tianqi

航空工业出版社出版发行
（北京市朝阳区京顺路 5 号曙光大厦 C 座四层　　100028）
发行部电话：010-85672663　　010-85672683
鹤山雅图仕印刷有限公司印刷　　　　全国各地新华书店经售
2021 年 10 月第 1 版　　　　　　　2023 年 10 月第 4 次印刷
开本：889×1194　1/16　　　　　　字数：50 千字
印张：3.5　　　　　　　　　　　　定价：35.00 元

船的故事
体验木舟到远洋巨轮

飞机的秘密
人类飞行的梦想

火山探秘
来自地底的火焰

七大奇迹
上古时期的宝藏

汽车世界
精彩的汽车发展史

鲨鱼家族
海洋里的凶猛猎手

百变天气
阳光、风和暴雨

穿越大自然
探究与保护

鲸和海豚
海洋里的哺乳动物

恐龙王国
永远消失的地球霸主

矿物与岩石
闪闪发亮的宝藏

爬行与两栖动物
蛇虫、蜥蜴和巨鳄

大自然的力量
难以估量的威力

改变世界的电
高电压与超导体

各种各样的鱼
水下的奇妙世界

猫的家族
披着美丽斑纹的敏捷猎手

奇境森林
动物和植物的天堂

忠诚的狗
部分才的美妙

浩瀚宇宙
宇宙的秘密

狼的故事
走进荒野猎食者的领地

蚂蚁和白蚁
了不起的建筑师

美丽的蝴蝶
色彩斑斓的自然精灵

蜜蜂和胡蜂
甜蜜的蜂蜜与可怕的群针

潜水的魅力
潜入水下的迷人世界

古老的希腊文明
诸神、英雄与诗人

古罗马生活
古罗马城的社会百态

欧洲风情
人口、国家和文化

骑士时代
城堡、比武大会和贵族女性

舞动的音符
走进音乐的奇妙世界

古老的城堡
中世纪的见证

熊的秘密生活
棕熊、大熊猫、北极熊

化石档案
生命的演绎

奇妙的昆虫
六条腿的生存艺术家

极地世界
生活在冰雪王国

神秘的蜘蛛
丝线上的猎手

大象王国
温柔的"巨人"

海底宝藏
沉没的宝藏
2023 NEW

海洋之谜
海洋研究与保护
2023 NEW

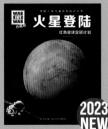
火星登陆
红色星球登陆计划
2023 NEW

忙碌的农场
动物、植物与农业机械
2023 NEW

时尚魅影
时尚的古与今
2023 NEW

全球气候
冰融和气候变化
2023 NEW